恐龙大追踪

生死追逐——
迅捷而又聪明的恐爪龙

知识出版社

前言

　　6 500 多万年前，地球上发生了未知的可怕灾难。突如其来的巨变让主宰地球长达 1.6 亿年的神秘恐龙和许多生物一起消失了。直到一名欧洲人发现了许多埋藏在地下的巨大骨骼化石，恐龙这种神秘的动物才慢慢被人了解，并逐渐成为孩子们最感兴趣的史前生物。

恐龙是如何生存的？它们有什么样的特殊习性？又是什么原因让恐龙从地球上消失了呢？为了满足孩子的好奇心和探索精神，我们精心打造了《恐龙大追踪》系列丛书。让神秘而有趣的恐龙带领孩子们开启终极探险的神秘之旅，一起去破解神奇的自然密码！

总之，本套丛书用简单活泼的语言和生动逼真的图片引领孩子走进神秘的史前时代；用严谨科学的讲解方式帮助孩子形成对恐龙的系统认识；趣味问题及揭晓答案会和孩子进行充分的互动，让孩子对书本爱不释手。相信这套将精彩图文与独特设计完美融合的图书一定会带领孩子走进超级刺激的恐龙体验乐园，让孩子爱上阅读，爱上探索。

编　者

目录
MULU

恐龙大追踪

中华龙鸟

长有羽毛的恐龙

中华龙鸟是一种生存于白垩纪早期的小型肉食性恐龙。古生物学家在中华龙鸟的化石上发现了羽毛的痕迹，它们的羽毛构造比较简单，中华龙鸟也是人类发现的有羽毛的恐龙中年代最早、最原始的。

趣味问题

中华龙鸟采用什么样的方式捕食?

小身材长尾巴

中华龙鸟是体形最小的兽脚类恐龙之一，与其他小型恐龙相比，中华龙鸟的颅骨较长，前肢十分短小，长度只有后肢的1/3。就其身体比例来看，中华龙鸟的尾巴是兽脚类恐龙中最长的，其尾椎多达64节。

小身材长尾巴

中华龙鸟是体形最小的兽脚类恐龙之一，与其他小型恐龙相比，中华龙鸟的颅骨较长，前肢十分短小，长度只有后肢的1/3。就其身体比例来看，中华龙鸟的尾巴是兽脚类恐龙中最长的，其尾椎多达64节。

小身材长尾巴

中华龙鸟是体形最小的兽脚类恐龙之一，与其他小型恐龙相比，中华龙鸟的颅骨较长，前肢十分短小，长度只有后肢的1/3。就其身体比例来看，中华龙鸟的尾巴是兽脚类恐龙中最长的，其尾椎多达64节。

恐龙大追踪

8

揭晓答案

　　中华龙鸟的前肢上有锐利的钩爪，能够帮助其抓捕猎物。修长的后肢使它们能够快速奔跑，追赶猎物。中华龙鸟的牙齿内侧有锯齿状构造，能够帮助它们紧紧咬住嘴中挣扎的猎物。

食性特点

　　古生物学家在中华龙鸟胃部的化石中发现了蜥蜴的颅骨，这显示中华龙鸟会以小型动物为食。另外，在中华龙鸟的胃中还发现了张和兽和中国俊兽的化石，而张和兽的后肢上长有毒刺，这显示中华龙鸟还能够以有毒的动物为食。

发现历史及价值

①1996 年，一位农民在辽宁省发掘出了一具小型动物的化石。农民将化石分成两块，分别卖给了中国地质博物馆和南京地质古生物研究所。

②中国地质博物馆的专家认为，这位农民发现的化石是一种恐龙，由于这块化石上有类似羽毛的痕迹，于是专家们将这种恐龙命名为中华龙鸟。

③中华龙鸟化石的发现，不仅震惊了古生物界，还震惊了新闻界，从而在世界各地引起了广泛的关注。

④中华龙鸟是人们发现的第一种长有羽毛的恐龙，它们的发现不仅有利于研究鸟类的起源，而且对于研究恐龙的演化也有着重要意义。

中国鸟龙

不会飞的"鸟"

  中国鸟龙生存于白垩纪早期，是驰龙科的早期成员，学名意为"中国的鸟龙"，但中国鸟龙并不是真正意义上的鸟类，因为它们太重了，根本无法飞行。中国鸟龙应该是从会飞的祖先演化而来的。

身披羽毛

目前，古生物学家已经找到了几具中国鸟龙的化石，其完整程度令人惊叹。从这些化石上能够看出，中国鸟龙的身上覆盖着羽毛。根据古生物学家的猜测，中国鸟龙的羽毛可能色彩斑斓，与孔雀的羽色相比有过之而无不及。

趣味问题

中国鸟龙在捕食的时候有什么独特的武器？

陆地上的猎食者

中国鸟龙是生活在陆地上的猎食者，主要捕食小动物，偶尔也会捕杀其他小型恐龙。虽然中国鸟龙不会飞，但是古生物学家根据中国鸟龙较小的体形判断，中国鸟龙可能会爬树。

羽毛的作用

中国鸟龙身上的羽毛为绒毛状，能够保持体温。前肢上的羽毛很长，可以用来保护幼崽，也可以用来吸引异性。

揭晓答案

一些古生物学家认为中国鸟龙长有毒腺和长牙。在捕食的时候，中国鸟龙会先将毒液注射到猎物的体内，这种行为与今天的毒蛇类似。

行为活跃

古生物学家在比较了中国鸟龙、鸟类和一些爬行动物的身体特点后提出，中国鸟龙的捕食和移动行为在白天、黑夜中没有太大区别，它们只会短暂休息，其他大部分时间都在活动。

恐龙大追踪

双冠龙

趣味
问题

双冠龙的头冠有什么作用？

16

突出的冠状物

双冠龙又名双棘龙、双脊龙、双嵴龙，生活在侏罗纪早期的北美洲。双冠龙的头顶有两个半月形的冠状物，由前额一直延伸到头骨后方，这是双冠龙最显著的特点，也是其得名原因。

独特绝技

双冠龙的口鼻部很窄，而且十分灵活，这种结构有利于双冠龙将隐藏在岩石裂缝或狭窄空间中的小动物衔出来吃掉。可以说，这是双冠龙独特的绝技，其他肉食性恐龙是做不到的。

揭晓答案

　　双冠龙的头冠很脆弱，不能当作武器使用。但是雄性双冠龙的头冠能在吸引异性的时候起到很好的作用。

大众文化

　　双冠龙曾出现在电影《侏罗纪公园》中，电影中的双冠龙被描绘成一种会喷毒液的恐龙，它喷射的毒液能够让猎物失明，甚至全身瘫痪。这一深入人心的形象几乎让双冠龙成为了家喻户晓的大明星，但其实双冠龙并不会喷射毒液，这些只是编剧的想象罢了。

捕食者本色

　　双冠龙是侏罗纪早期北美洲地区不容置疑的优势猎食者。遇到合适的猎物时，双冠龙会毫不犹豫地追捕猎物。双冠龙灵活而强壮的颈部，可以转向各个方向，方便它们搜寻猎物或者撕扯猎物。双冠龙的四肢上有锋利的爪子，能轻易地将猎物撕碎。

完美的统治者

　　尽管肉食性恐龙已经成为了中生代时期地球的霸主，但是生存对于它们来说依然不是一件容易的事情。它们要处处提防周围强大的对手，还要面对突如其来的天灾。它们就在这样的环境中，一步步地成长为完美的统治者。

善于奔跑

　　双冠龙身长约 6 米，体重约 500 千克。与后来出现的很多肉食性恐龙相比，双冠龙的身体十分苗条，这也证明了它们非常善于奔跑。

永川龙

得名原因

永川龙生活在侏罗纪晚期，是中国地区的代表性恐龙，第一具永川龙化石发现于中国重庆市永川区五间镇上游水库，永川龙因此得名。

体形庞大

永川龙的体形很庞大，身体全长约 10 米，站立时有 4 米高。永川龙有一个近一米长、略呈三角形的头部，头骨两侧有明显的凹陷，能有效地减轻头部的重量。

凶猛残暴

永川龙经常在丛林和海滨地带活动，是一种性情孤僻而残暴的肉食性恐龙，喜欢单独行动。永川龙的捕食方式可能与今天的虎、豹相似，性情温和的植食性恐龙是它们主要的捕杀对象。永川龙的行动十分敏捷，猎物一旦被其盯上，就很难逃脱死亡的厄运。

趣味问题

永川龙的身体结构使得它们在捕食的时候有哪些优势？

23

揭晓答案

　　永川龙的下颚坚硬，拥有强大的咬合能力，嘴中有锯齿状锋利的牙齿，能够将猎物的骨头咬碎。永川龙的前肢很灵活，并长着长而弯曲的利爪，能够准确地攻击猎物。

深入研究

目前已经发掘出的永川龙骨骼化石保存完好，是亚洲地区发现的最大的肉食性恐龙化石，而关于永川龙的发掘和研究工作还在进一步深入。

长尾巴 〉〉〉〉

永川龙主要以后足站立或行走，它们的尾巴很长，在快速奔跑的时候，尾巴会高高地翘起，以保持身体的平衡。

撕咬和咀嚼能力

　　永川龙的头骨两侧附着有强大的肌肉群，主要用于撕咬猎物的皮肉和咀嚼食物。强壮的肌肉配合锋利的牙齿，使永川龙具备了恐怖的攻击能力。

中生代的丛林之王

老虎是一种凶猛的动物，被人们称为丛林之王，而生存于侏罗纪晚期的永川龙同样是一种凶猛的肉食性动物。永川龙会在丛林中游走，捕食各种动物，它们绝对可以称得上是中生代的丛林之王。

艾伯塔龙

小型暴龙

艾伯塔龙的名字取自其最初的化石发现地——加拿大艾伯塔省。艾伯塔龙又名阿尔伯托龙、阿尔伯它龙，是一种早期的暴龙类恐龙，生存于白垩纪时期的北美洲西部。艾伯塔龙的体形较小，但是其头部很大，眼睛上方有三角形的骨质冠饰，颈部十分粗壮。

28

异齿形恐龙

艾伯塔龙是一种异齿形恐龙，即嘴中不同位置上的牙齿形状不同。因此，它们在捕捉猎物和咀嚼猎物的肉时很可能会利用不同的牙齿。

趣味问题

艾伯塔龙作为顶级猎食者有什么样的捕食优势呢？

29

顶级猎食者

　　霸王龙是我们熟知的一种大型肉食性恐龙。在霸王龙出现 800 万年前，艾伯塔龙就已经成为地球上顶级的猎食者了。艾伯塔龙的咬合能力很强，能够轻松应付猎物在嘴中挣扎的力量。

揭晓答案

　　艾伯塔龙是一种小型肉食性恐龙，它们的体态轻盈，奔跑速度快，能够快速地追赶猎物。此外，艾伯塔龙是群体猎食的，这种方式能够提高捕食效率。

迅猛龙

聪明的恐龙

迅猛龙又名速龙、伶盗龙，化石发现于蒙古和中国的内蒙古地区。迅猛龙的体形不大，大小与火鸡类似，但是它们的头部很长，脑子占身体的比例很大，这表明迅猛龙是一种聪明的恐龙。

身披羽毛

　　迅猛龙的祖先身上覆盖着羽毛，或许还有飞行的能力，这使得古生物学家猜测，迅猛龙的身上也覆盖着羽毛，行动方式与现代不会飞行的鸟类相似。

趣味问题

　　迅猛龙后足内侧第二根脚趾上有形似镰刀的趾爪，这种趾爪有什么特点和作用呢？

33

尖牙利爪

迅猛龙是一种肉食性恐龙，个性凶猛残暴。在捕食的时候，迅猛龙会与同伴一起捕食比自己体形大的恐龙。迅猛龙的嘴中有26~28颗牙齿，牙齿边缘呈锯齿状。除了尖锐的牙齿，迅猛龙四足上的锋利爪子也是其重要的捕食工具。

揭晓答案

迅猛龙镰刀状的趾爪能够收起来，捕猎时再张开，以防趾爪长时间接触地面而被磨钝。当捕杀猎物的时候，迅猛龙会用镰刀状的趾爪刺穿猎物的重要器官来杀死猎物。

著名的化石

1917 年，古生物学家发现了著名的化石标本——"搏斗中的恐龙"。这具化石较完整地保存了迅猛龙和原角龙搏斗时的场景。这具化石也很好地证明了迅猛龙是灵活的捕食者。

活跃的捕食者

　　迅猛龙是活跃的捕食者，迅猛龙的前肢很大，而且十分灵活；后肢十分结实，这使其不仅善于跳跃，而且还善于奔跑。迅猛龙的尾骨呈 S 形弯曲，这样的尾巴可以帮助迅猛龙在高速奔跑时保持平衡，也可以辅助转向。

电影中的迅猛龙

　　迅猛龙之所以被人们所熟知，是因为它是电影《侏罗纪公园》中的主角。但是电影中迅猛龙的体形是现实中的两倍。

37

似鹈鹕龙

外形特点

　　似鹈鹕龙生存于白垩纪早期的西班牙，是一种小型似鸟龙类恐龙，身长 2~2.5 米。似鹈鹕龙的头颅骨狭长，头部后方长有小型冠饰。似鹈鹕龙的嘴部下方有一个与鹈鹕类似的大型喉囊，这也是其得名原因。

趣味
问题

与其他似鸟龙类恐龙相比，
似鹅鹕龙的牙齿有什么特点？

捕鱼能手

似鹈鹕龙生活在湖泊附近，以鱼类为食，说它们是捕鱼能手一点都不过分。似鹈鹕龙会进入到浅水区捕鱼，尖尖的嘴部使其能将体表光滑的鱼类牢牢咬住。似鹈鹕龙会先将捕到的鱼类储存在喉囊中，然后再慢慢吞下。

牙齿的演变

似鹈鹕龙是一种原始的似鸟龙类，它们的牙齿已经相当细小，而在此后的演化过程中，似鸟龙类恐龙的牙齿越来越小，直到消失。

揭晓答案

多数似鸟龙类恐龙都没有牙齿，而似鹈鹕龙却有约 220 颗牙齿。而且，似鹈鹕龙有两种不同形状的牙齿，上颌前部分的牙齿呈 D 形，后部分的牙齿呈刀片状。

犹他盗龙

聪明危险的恐龙

对于植食性恐龙来说，越聪明的肉食性恐龙也就越危险。而犹他盗龙集智力、速度于一身，对植食性恐龙来说就更加危险了。被犹他盗龙看上的猎物，几乎很难逃脱它们的掌心。

智力非凡

犹他盗龙的化石发现于美国西部的犹他州，犹他盗龙因此得名。犹他盗龙是驰龙科体形最大的成员，体重能达到 500 千克。犹他盗龙的大脑膨胀程度较大，这说明犹他盗龙的大脑结构相对发达，这种恐龙的智力可能高于多数恐龙。

趣味问题

犹他盗龙能成为敏捷的猎食者除了表现在速度上，还表现在哪些方面？

行动敏捷

　　犹他盗龙的后肢十分强壮，非常适于奔跑。科学家们推测，犹他盗龙奔跑时的时速能达到50千米。发现猎物时，犹他盗龙会直接跳到猎物的身上对猎物发动攻击。犹他盗龙的第二根脚趾上有巨大的钩爪，尖而弯曲，可以刺入猎物的身体。

群体生活

　　犹他盗龙是一种群居的肉食性恐龙，成群的犹他盗龙会在广阔的平原上活动，一起猎食体形较大的植食性恐龙。

揭晓答案

犹他盗龙的视觉如鹰般敏锐，可以在奔跑的过程中锁定猎物。犹他盗龙的反应速度很快，甚至能在跳跃过程中做出改变方向的动作。

恐龙大追踪

钦迪龙

趣味问题

钦迪龙能成为猎食者的优势条件有哪些?

命名

　　钦迪龙生存于三叠纪晚期美国的亚利桑那州和新墨西哥州，其名字来源于发现地附近的钦迪角。钦迪龙还被翻译成庆迪龙、魔鬼龙，但目前，古生物学家还没有找到魔鬼龙的命名依据。

分类

　　钦迪龙的分类一直是一个比较复杂的问题。钦迪龙的身上有多个蜥臀目演化支的特征，因此在过去的研究中，钦迪龙也曾经被划分到蜥臀目中。

化石

到目前为止，被发现的钦迪龙化石一共有 5 具，其中最完整的一具包含数节肋骨、脊椎碎片、两节完整的臀部脊椎、一节完整尾椎、骨盆碎片以及后肢骨头碎片。除此之外，古生物学家还发现了一颗完整的钦迪龙牙齿化石。这些化石对古生物学家复原钦迪龙并了解它们的外形和生活习性有着很大的帮助。

坚硬的尾巴

钦迪龙的体形虽然不大，但是它们有一个大而沉重的头部，因此，它们必须依靠坚硬又发达的尾巴来维持身体平衡。

小型猎食者

钦迪龙是一种小型肉食性恐龙，但是不可否认的是，钦迪龙曾经是地球上的优势猎食者。它们身长约2米，体重约30千克。钦迪龙的头部很长，眼眶很大，头顶长有角或脊冠，巨大的嘴巴里长有弯曲的牙齿。

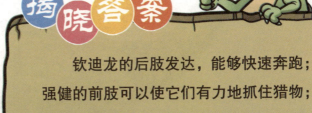

揭晓答案

钦迪龙的后肢发达，能够快速奔跑；强健的前肢可以使它们有力地抓住猎物；长而尖的牙齿则能使它们轻而易举地将抓到的猎物撕碎。

轻巧龙

身材修长

　　轻巧龙生存于侏罗纪晚期的坦桑尼亚，是一种肉食性恐龙。从轻巧龙的名字上我们不难看出，这是一种重量很轻、行动灵巧的恐龙。轻巧龙的身材修长，身长约 6.2 米，臀高 1.46 米，体重只有 210 千克。

一波三折

　　轻巧龙的分类可谓是一波三折。1920年，轻巧龙被归类于虚骨龙科，这是因为在恐龙分类的早期，有很多无法分类的小型兽脚类恐龙都被归类于虚骨龙科。1970年，轻巧龙又被归类于似鸟龙科。但目前，古生物学家普遍认可的是，轻巧龙属于角鼻龙类。

趣味问题

从哪些方面能够看出轻巧龙善于奔跑？

善于奔跑

　　轻巧龙很善于奔跑，它们可能会在广大的平原上活动，寻找猎物。一旦发现合适的猎物，轻巧龙就会快速向猎物跑去，发动突然攻击。轻巧龙修长的身材使其只能捕捉一些小型猎物，古生物学家认为轻巧龙还会挖掘腐肉为食。

近 亲

　　轻巧龙与生活在侏罗纪时期新疆准噶尔盆地的泥潭龙有很近的亲缘关系，由于目前古生物学家没有发现轻巧龙的头颅骨，因此，轻巧龙的复原模型是参照泥潭龙化石而建立的。

揭晓答案

　　轻巧龙的胫骨长于股骨，这是其善于奔跑的最有力证据。另外，轻巧龙还有一条长长的尾巴，长尾会像舵一样，在轻巧龙奔跑时帮其保持身体平衡。

相貌未知

　　尽管古生物学家已经发现了一具较完整的轻巧龙化石，但目前还是无法完全确定这种恐龙的相貌。想要知道轻巧龙的真实相貌，还需要更多的化石来作为研究依据。

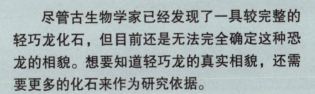

食肉牛龙

与身体不成比例的头部

食肉牛龙又名牛龙，是一种生存于白垩纪南美洲的肉食性恐龙。尽管食肉牛龙的体形十分庞大，但是它们却有一个与身体比例很不协调的小头部。食肉牛龙的头颅骨小而厚实，上面有许多孔，能够起到减轻重量的作用。

变色能力

食肉牛龙首次出现在大众面前是在小说《失落的世界》中，小说中的食肉牛龙被作者赋予了能够改变外表颜色的能力，但是现实中并没有证据能够证明食肉牛龙有变色能力。

趣味问题

食肉牛龙的特别之处还在于其眼睛上方有两只又粗又厚的短角，它们的角有什么作用呢？

揭晓答案

　　食肉牛龙的角长在骨骼坚硬的头顶，能承受住巨大力量的撞击。因此，食肉牛龙的角可作为寻找配偶时恐吓对手的工具，也可作为抵御强大敌人的武器。

奔跑速度

古生物学家推测，食肉牛龙是跑得最快的肉食性恐龙之一，据推测，它们的奔跑时速能够达到 50 千米，这样的速度几乎能够赶上汽车在公路上的行驶速度了。

其他特征

除了一些明显的特征外，食肉牛龙还长有很长的脖子，强壮厚实的胸部和细长的尾巴。食肉牛龙的头部虽小，但是其口鼻部很大，这显示其可能有发达的嗅觉器官。食肉牛龙的牙齿细长，虽然锋利，但不强壮，可能无法攻击大型猎物。

恐龙大追踪

强大的捕食者

　　食肉牛龙是十分强大的捕食者，长而强壮的后肢能够使它们快速奔跑；嘴部可以大幅度地张开，并且咬合速度很快，能在短时间内将猎物杀死。植食性恐龙光是看到食肉牛龙的影子，恐怕就已经胆战心惊了。

视觉发达 >>>>

　　从食肉牛龙的头骨结构上看，食肉牛龙可能与人一样拥有双目视觉和立体成像的能力，这样，食肉牛龙就能有准确的空间感和立体感，在捕杀猎物的时候也更容易成功。

嗜鸟龙

体形特点

嗜鸟龙是一种小型肉食性恐龙，体形还不及一只山羊大。嗜鸟龙的体重很轻，前肢短而灵活，有很好的抓握能力；后肢长且强壮，能够快速追赶猎物，也能够摆脱大型肉食性恐龙的追击。

在快速奔跑时，嗜鸟龙会依靠长长的尾巴保持平衡。

趣味问题

嗜鸟龙快速追上猎物时是怎样抓住猎物的？

偷鸟的"贼"

　　嗜鸟龙又名鸟窃龙，学名意为"盗鸟的贼"，因此一些专家认为嗜鸟龙会捕鸟，但是并未有实际证据证明嗜鸟龙有捕鸟的行为。

捕食特点

嗜鸟龙较小的体形使它们只能捕食一些小型动物。有时，嗜鸟龙甚至会以正在孵化的其他种类的恐龙蛋为食。为了提高捕食效率，嗜鸟龙还会集体捕食。

超常的视力

嗜鸟龙拥有超常的视觉能力，能够清楚地辨认出奔跑中或躲藏在植物或岩石下面的小蜥蜴、小恐龙以及小型哺乳动物。这些小动物一旦被嗜鸟龙发现，就很难逃脱它们的魔爪。

揭晓答案

嗜鸟龙的前肢上有三指，内侧的两指特别长，能够将猎物抓紧；外侧的一指能够像人的拇指一样向内弯曲，将正在挣扎的猎物牢牢抓住。

速度极快

嗜鸟龙的奔跑速度很快，当它们从你身边跑过的时候，你只能感觉到一个黑影和一阵风。嗜鸟龙以这样的速度捕食，会让猎物措手不及。

新猎龙

远古欧洲的"猎人"

在远古欧洲大陆，生活着很多大型猎食恐龙，新猎龙就是其中之一。新猎龙是一种非常强大的猎食者，它们身体强壮，而且牙齿尖细、排列紧密，能够轻易撕开猎物的皮肉。

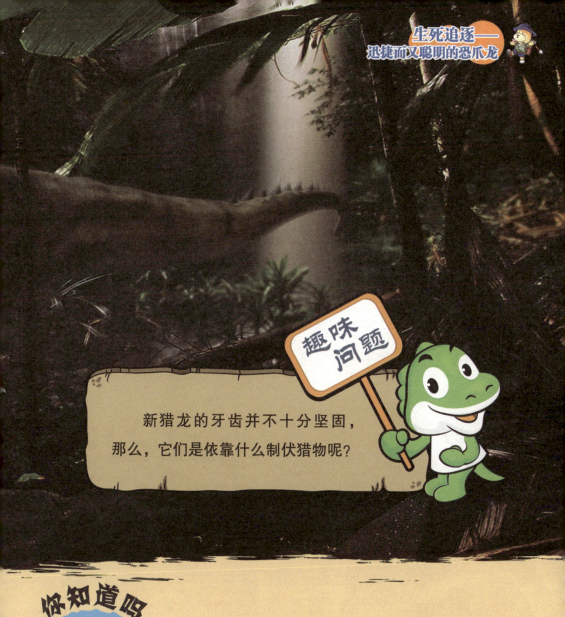

趣味问题

新猎龙的牙齿并不十分坚固，那么，它们是依靠什么制伏猎物呢？

你知道吗

在中生代的欧洲，肉食性恐龙的捕食成功率并不是很高，即便是新猎龙这样的优势猎食者有时也会饿得饥肠辘辘，它们甚至可能会向其他恐龙"乞讨"食物，一旦这样的请求被拒绝，两种恐龙就可能会大打出手。

体形特征

　　新猎龙体长 7~10 米，但新猎龙的体重相对较小，这是因为新猎龙的体形修长，而新猎龙也因此具备了比其他多数猎食恐龙都好的灵活性。

揭晓答案

　　新猎龙在捕食的过程中并不完全依靠力量制伏猎物，它们多是在追击猎物的过程中通过不断发动攻击来获得成功的。

相似的恐龙

　　如果我们能够有幸回到中生代，就可以看到这样的场景：在欧洲和非洲这两块大陆上，生活着身体特征、生活习性都十分相似的两种恐龙，它们分别是欧洲的新猎龙和非洲的鲨齿龙。

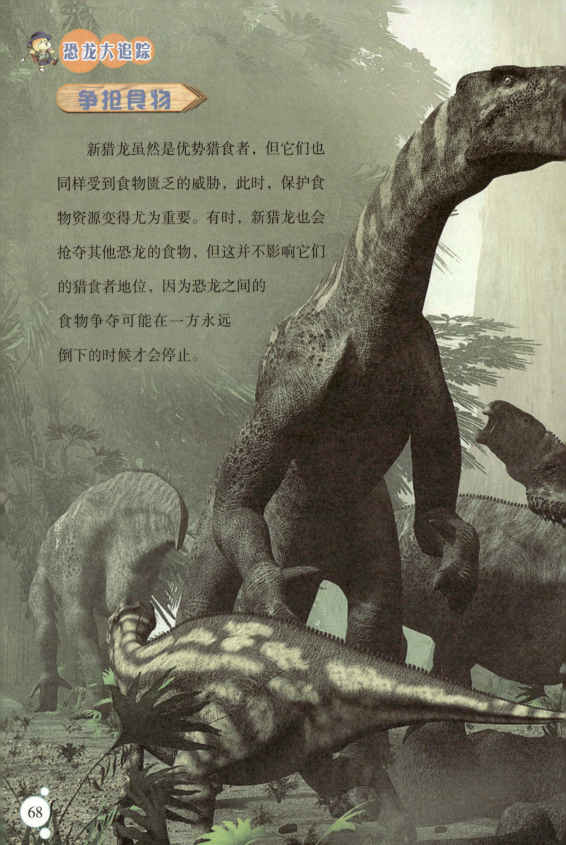

争抢食物

　　新猎龙虽然是优势猎食者，但它们也同样受到食物匮乏的威胁，此时，保护食物资源变得尤为重要。有时，新猎龙也会抢夺其他恐龙的食物，但这并不影响它们的猎食者地位，因为恐龙之间的食物争夺可能在一方永远倒下的时候才会停止。

埃雷拉龙

形态特征

　　埃雷拉龙是一种早期肉食性恐龙，它们的头部很大，颈部很短，下颚长有向内弯曲的牙齿，牙齿十分锋利，能够牢牢地咬住猎物。埃雷拉龙的前肢上长有锐利的爪子，能够将猎物紧紧抓住。埃雷拉龙的后肢很长，而且十分有力，能够直立行走。

优势猎食者

在恐龙出现早期，埃雷拉龙曾是顶级猎食者。埃雷拉龙继承了恐龙祖先的最大特点，保持食肉的习性和猎食动物的生存方式，而在后来的一段时间内，这些特点都遗传给了恐龙以及与恐龙有亲缘关系的动物。肉食性恐龙凭借尖牙、利爪、灵活的前肢和强壮的后肢，成为整个恐龙时代的优势猎食者。

趣味问题

除了行动敏捷之外，埃雷拉龙还有什么捕食优势呢？

埃雷拉龙耳朵化石里保存着完好的听小骨，因此埃雷拉龙的听觉比同时期大多数动物都要灵敏，这让埃雷拉龙能在捕食时利用视觉和听觉全方位锁定猎物。

研究意义

埃雷拉龙身上具有很多早期蜥臀目恐龙的特点，古生物学家在研究其骨盆结构后，发现不少肉食性恐龙与埃雷拉龙有很多相似之处，因此古生物学家从埃雷拉龙的身上证明了恐龙有相同的祖先。

高大威猛

埃雷拉龙是继始盗龙之后出现的又一种肉食性恐龙，尽管埃雷拉龙身上有很多原始的特征，但是它们看起来已经有肉食性恐龙高大威猛的特征了。始盗龙可能连做梦也没有想过，自己的子孙后代能在短时间内进化得如此强壮！

敏捷的猎食者

三叠纪时期的恐龙还没有向普遍大型化的方向发展，埃雷拉龙的骨骼虽轻巧，但也完全可以满足捕猎需要，这种轻巧的骨骼结构让埃雷拉龙变得敏捷而快速，这也就意味着埃雷拉龙兼备强健和灵敏的特点，这是埃雷拉龙成为当时顶级猎食者的关键因素。

阿基里斯龙

驰龙科的大型成员

　　阿基里斯龙是驰龙科的一员，生活在白垩纪中期的蒙古。大部分驰龙科的恐龙体形较小，但是阿基里斯龙在驰龙科中属于大型成员。目前，古生物学家只发现了一具阿基里斯龙的骨骼化石，根据这具骨骼化石，古生物学家推断，阿基里斯龙的体长约为6米。

属名的由来 ▶▶▶▶

阿基里斯龙的属名来自古希腊特洛伊战争中的英雄"阿喀琉斯"以及蒙古语中的"英雄"一词，这是由于阿基里斯龙拥有和阿喀琉斯一样强大的跟腱。

趣味问题

阿基里斯龙有什么样的捕食利器呢？

活跃的双足猎食者

　　阿基里斯龙以后足行走或奔跑，是一种活跃的猎食者。阿基里斯龙的骨头是中空的，即便它们的身形较大，它们的体态也十分轻盈，能够快速奔跑。长长的尾巴则可以帮助它们在奔跑的时候保持身体平衡。

骨盆特征

　　与其他驰龙科恐龙相比，阿基里斯龙的骨盆带有蜥臀目的特征。例如，阿基里斯龙的耻骨直立生长并有较大的底部，这与大部分驰龙科恐龙小型的耻骨底部不同。另外，驰龙的耻骨与坐骨都指向后方。这些特征使得有些学者认为，阿基里斯龙是古生物学上的一个不同遗传性状混杂表现的个体。

揭晓答案

阿基里斯龙后肢第二趾上有巨大而弯曲的趾爪，形似镰刀，能够用来抓捕猎物。阿基里斯龙的牙齿呈刀片状，能够轻易撕开猎物的皮肉。

鸟类的近亲

阿基里斯龙是鸟类的近亲，这种恐龙的祖先可能会飞。古生物学家认为，阿基里斯龙的四肢和尾巴上可能有类似鸟类羽毛的覆盖物，身上可能有绒毛。阿基里斯龙的前肢很长，能像鸟类一样折叠起来。

斑比盗龙

近似鸟类的外表

　　斑比盗龙属于驰龙科，是一种外表近似鸟类的恐龙。斑比盗龙的骨骼结构与鸟类很像，因此一些古生物学家认为，斑比盗龙也像鸟类一样长有羽毛。斑比盗龙前肢上的腕关节十分灵活，能像鸟类一样做出折翼的动作。

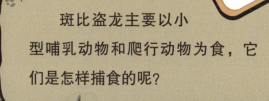

趣味问题

斑比盗龙主要以小型哺乳动物和爬行动物为食，它们是怎样捕食的呢？

你知道吗

?

古生物学家最初在复原斑比盗龙的时候认为，这种恐龙是有羽毛的，但是当时发现的化石无法证明这一点。随着研究的进一步深入，古生物学家最终确定了斑比盗龙是全身覆盖羽毛的。

79

聪明灵活

　　与现今的鸟类相比，斑比盗龙的脑部较小，但是它们的小脑比较发达，而且脑容量占身体的比重很大，这显示斑比盗龙很聪明。斑比盗龙的部分骨头内有空腔，后肢长且粗壮，能够快速奔跑。

揭晓答案

　　斑比盗龙的捕食方式可能类似猫捉老鼠，它们会快速奔跑，用前肢上的爪子抓住猎物，并将猎物送进口中。一些古生物学家认为，斑比盗龙会在树上等待伏击猎物。

发现过程

①维斯·伦斯特是一位化石猎人。1995年，14岁的维斯和父母一起在美国蒙大拿州冰川公园的山上寻找化石。

②无意间，维斯发现了一件骨骼残骸。后来，维斯和他的父母发掘出了更多的骨骼残骸。

③古生物学家证实，维斯找到的是一具保存完好的小型驰龙类恐龙的化石。

④根据这种恐龙的体形特点，科学家按照迪斯尼动画角色小鹿斑比的形象将这种恐龙命名为斑比盗龙。

帝龙

保存完好

大多数恐龙的头骨骨骼相当薄，因此十分不易于保存，但是帝龙头骨骨骼的化石却保存得相当完好，这是十分不易的。

趣味问题

如果帝龙身上真的有羽毛，那么它们的羽毛与鸟类的羽毛有什么不同呢？

同科对比

　　帝龙虽属于暴龙超科，但是暴龙超科的恐龙一般体形庞大，身长能达到 10 米左右。而帝龙的体形却很小，已发现的帝龙化石被证实是帝龙的幼年个体，身长约 1.6 米，古生物学家估计，完全成年的帝龙身长约为 2 米。

83

发现价值 ▶▶▶▶

　　帝龙生存于白垩纪早期，是一种原始的暴龙超科恐龙。帝龙化石的发现，证明了暴龙类恐龙的祖先是一种小型肉食性恐龙，暴龙类恐龙巨大的体形是在之后慢慢演化而来的。

身披羽毛

　　帝龙的身上很可能披着原始羽毛。古生物学家在帝龙下颌及尾部发现了纤维构造物，这是证明其有羽毛最好的证据。如果帝龙身披羽毛的猜想是正确的，那么恐龙和鸟类可能有着共同的祖先。

揭晓答案

鸟类的羽毛有中央羽轴，能帮助其飞行，而帝龙身体覆盖物中并没有这样的构造，帝龙即便有羽毛，也主要是起保暖作用的。

恐龙帝王

帝龙的属名意为"恐龙帝王"，也就是说帝龙是恐龙世界的霸主，但是从体形上来看，帝龙与"帝王"一词却相差甚远。

南方猎龙

袖珍的外表

　　与许多肉食性恐龙相比，南方猎龙显得有些袖珍。南方猎龙的身长只有 5 米，体重约 500 千克。南方猎龙的身材比较苗条，但是它们的后肢很强壮，因此，它们能够快速奔跑，它们的行动速度堪比今天的猎豹。

趣味问题

　　小个子的南方猎龙是凭借什么强大的武器才成为敏捷猎食者的呢？

以智取胜

南方猎龙的个子较小，因此在捕食大型植食性恐龙的时候，它们会以智取胜。南方猎龙会快速地攻击对方，然后等到对方疼痛难忍、体力耗尽的时候，再用锋利的牙齿咬死对方。

命名原因

南方猎龙的属名意为"来自南方大陆的猎人"，这是因为南方猎龙生活在白垩纪早期的澳大利亚，是当时澳大利亚地区的最强统治者。

小个子国王

　　虽然南方猎龙体形较小，但这并不影响其成为恐龙世界的国王。与大多数肉食性恐龙一样，锋利的牙齿也是其非常重要的捕食工具。南方猎龙并不会经常用到牙齿，因为它们有比牙齿更强大的武器。

揭晓答案

南方猎龙的前肢上有两个大而弯曲的利爪，每个利爪都有约 20 厘米长，这两个利爪就像两把锋利的弯刀，能在猎物的身上划下深深的伤口。

生存状况

世界上没有免费的午餐，肉食性恐龙想要填饱肚子就必须付出努力。也许，成群的植食性恐龙会在肉食性恐龙的周围打转，但是它们不会自己跑进肉食性恐龙的嘴里，这时肉食性恐龙就要拿出体力和勇气，凭借真实的本领去抓住猎物。

南十字龙

1970 年，南十字龙的化石在巴西被发现，因为当时在南半球发现的恐龙化石十分稀少，因此，古生物学家便根据只有在南半球才能看见的南十字星座为这种恐龙命名。

趣味问题

与晚期的兽脚类恐龙相比，南十字龙在进食的时候有什么特点呢？

你知道吗

南十字星座是南天星座之一，是全天88个星座中最小的星座，位于半人马座与苍蝇座之间的银河。南十字星座中主要的亮星组成一个"十"字形，南十字星座也因此得名。

古老的恐龙

　　南十字龙是一种原始的兽脚类恐龙，身体结构与原始恐龙非常相似。南十字龙身体内连接骨盆与脊柱的只有两个脊椎骨，这是一种很原始的骨骼排列方式。另外，南十字龙的前肢上各有五指，后肢各有五根脚趾，这也是一种原始恐龙的特征。

善于奔跑 〉〉〉〉

　　在发现了南十字龙腿部的骨骼化石后，古生物学家认为南十字龙是一种善于奔跑的恐龙，而细长的尾巴则能够在其奔跑时稳定重心。

揭晓答案

　　南十字龙在吞咽较小的猎物时，能将猎物沿着小而弯曲的牙齿往喉咙后方推动，这一特征在当时的兽脚亚目恐龙身上十分普遍，但晚期兽脚亚目恐龙的身上已没有这种特点。

猎食

　　南十字龙身长约两米，是一种体形较小的肉食性恐龙，但它们的性情十分凶猛，与其生活在同一时期的喙头龙就经常会被它们捕杀。

腔骨龙

恐龙家族的早期成员

　　腔骨龙又名虚形龙，是恐龙家族的早期成员之一。腔骨龙是一种小型肉食性恐龙，它们的头部狭长，颅骨长有大型洞孔，能有效减轻头部的重量。腔骨龙的嘴巴尖细，牙齿边缘呈锯齿状，十分锋利。腔骨龙还有一双大大的眼睛，很容易观察到附近的猎物。

趣味问题

体形较小的腔骨龙是如何保证捕食成功率的呢？

遨游太空

1998 年，一具腔骨龙的头骨化石被"奋进"号航天飞机带上太空，这也使腔骨龙成为了继慈母龙后第二种登上太空的恐龙。

奔跑能手

　　腔骨龙轻盈的体态、中空的骨头使其成为了名副其实的奔跑能手。在三叠纪晚期，腔骨龙常在河岸与森林里追赶猎物，它们主要捕食一些小型哺乳动物、小型蜥蜴、鱼类，有时也会集体袭击一些大型的植食性恐龙。

腔骨龙的尾巴

腔骨龙的尾巴很长，但是它们的尾巴不灵活，不能够随意弯曲，而是僵直地拖在身后。僵直的结构并没有影响尾巴该有的功能，在腔骨龙快速奔跑的时候，尾巴可以帮助它们保持身体平衡。

揭晓答案

1947 年，古生物学家在美国新墨西哥州的幽灵牧场发现了 500 具腔骨龙的化石，他们据此推测腔骨龙是集体狩猎的，而且腔骨龙会凭借数量优势来制伏大型猎物。

恶魔龙

猜测

　　恶魔龙生活在三叠纪晚期到侏罗纪早期的阿根廷。目前，古生物学家还没有发现完整的恶魔龙骨骼化石，但古生物学家根据已有的化石推测，恶魔龙的身高约为 4 米，体形中等，是一种以后足行走的肉食性恐龙。

命名原因

　　恶魔龙的名称来自盖丘亚语，意为"恶魔的蜥蜴"。但最初的命名者为什么将其命名为恶魔龙，我们还不得而知。也许，这种恐龙长得比较像恶魔；又或者这种恐龙长得很美丽，但是有恶魔般的行为。

趣味问题

　　恶魔龙的头颅骨前端有两个骨质突起物，它们有什么作用呢？

捕食方式

　　恶魔龙能够依靠后肢快速奔跑追赶猎物，前肢则能够用来抓捕猎物。恶魔龙的指尖和趾尖有锐利的爪子，能够划破猎物的皮肉。恶魔龙的嘴中有匕首状的牙齿，牙齿边缘呈锯齿状，能够撕咬猎物。

揭晓答案

　　恶魔龙的冠状物是鼻骨延伸而成的，其作用可能是帮助其辨认同属或同种的成员。

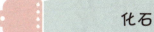

化石

目前能够确定的恶魔龙化石只有一具，另外一具在同一地区发现的化石还不能确定是否属于恶魔龙。这两具化石标本现都存放在阿根廷的拉里奥哈国立博物馆。

分类

恶魔龙最初被认为属于坚尾龙类，但后来，一些古生物学家认为恶魔龙拥有兽脚亚目恐龙的特征，但是较为原始。大部分古生物学家也认同了这种观点。

非洲猎龙

化石

目前，古生物学家发现的非洲猎龙化石有较完整的头颅骨、部分脊柱、前肢、较完整的骨盆和完整的后肢，这些化石现被存放在芝加哥大学。

大而灵巧

非洲猎龙生活在侏罗纪中期的非洲，是一种以后足行走的大型肉食性恐龙，身长约9米。庞大的体形并没有限制非洲猎龙的行动，它们的身手十分敏捷。非洲猎龙的头部很大，而且较沉重，但是它们的尾巴肌肉发达，能够帮助身体保持平衡。

趣味问题

为什么非洲猎龙被称为恐龙猎手？

分类 ▶▶▶

非洲猎龙被发现后，大部分古生物学家将其划分在斑龙科内，因为斑龙科中包含很多大型以及难以分类的兽脚类恐龙。

恐龙猎手 ▶

非洲猎龙的化石发现于非洲的撒哈拉沙漠，其名称意为"来自非洲的猎人"。这既说出了非洲猎龙化石的发现地，也表明了非洲猎龙猎杀者的本质。实际上，在非洲猎龙生存的年代，它们确实是地球上的顶级猎食者。

　　古生物学家在一些未成年蜥脚类恐龙的骨骼上发现了非洲猎龙的牙印，可见非洲猎龙的牙齿十分锋利。钩状的爪子和强健的四肢也是非洲猎龙能成为猎食者的关键因素。

生存环境

　　非洲猎龙的化石虽然发现于撒哈拉沙漠，但这并不代表这种恐龙就是生活在沙漠中的，因为撒哈拉沙漠是在约250万年前形成的，而在非洲猎龙生存的年代，撒哈拉沙漠则是一片绿洲。

专题：陆鳄

捕猎能手

陆鳄是一种生存于三叠纪晚期的、能生活在水中的爬行动物，但是其主要生活在陆地上，所以这种动物被称为陆鳄。陆鳄的上下颌都很长，四肢也十分修长，灵活的四肢让陆鳄的行动十分敏捷。依靠这种体形优势，陆鳄能够轻而易举地捕食昆虫和小型动物。一旦发现猎物，陆鳄就会依靠灵活的四肢快速地追击猎物。

趣味问题

陆鳄的尾巴有什么特点？

揭晓答案

　　陆鳄的身长只有 50 厘米左右，但是它们却有一条与身体比例不相配的长尾巴，其尾巴长度能占到整个身长的三分之二，长尾巴能够帮助陆鳄在快速奔跑时平衡身体。

行走方式

　　陆鳄主要以四足着地的方式行走，而在奔跑的过程中，四足着地更利于其转向，保证其更灵活地追逐猎物，但陆鳄也可以依靠后肢站立，此时前肢就可以抓取猎物或辅助进食。

蛮龙

体形庞大

　　蛮龙生存于侏罗纪晚期的北美洲，由于目前发现的蛮龙化石还不完整，因此蛮龙究竟有多大还是未知的，但可以确定的是，蛮龙的体形十分庞大。2006年，古生物学家在葡萄牙发现了一块较完整的蛮龙上颌化石。古生物学家根据该化石推断，蛮龙是侏罗纪时期体形最大的兽脚类恐龙之一。

趣味问题

冷血杀手蛮龙也会遇到其他恐龙与其争夺食物吗？

巨大的头部

　　古生物学家采用高科技手段复原了蛮龙的头部。经过测量，蛮龙的头部大约有1.2米长，这个数据与体形较大的霸王龙的头骨相当。

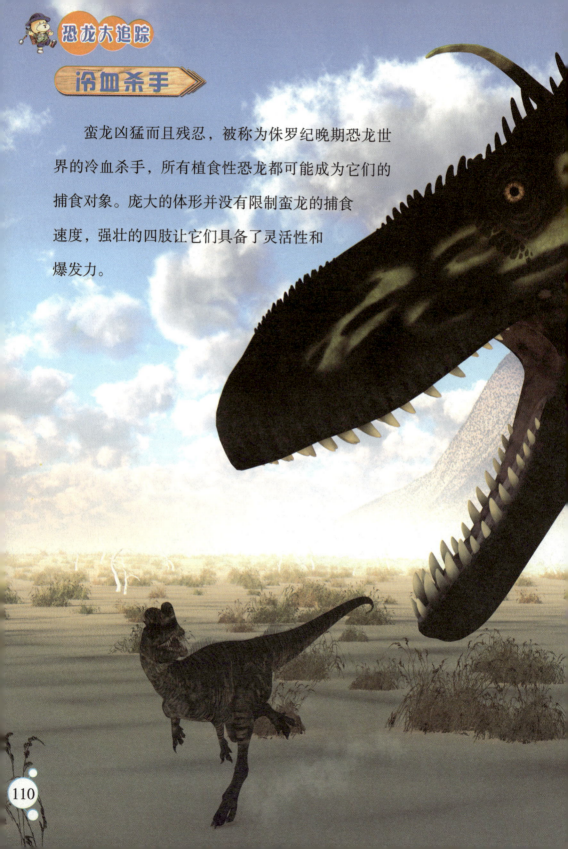

冷血杀手

蛮龙凶猛而且残忍，被称为侏罗纪晚期恐龙世界的冷血杀手，所有植食性恐龙都可能成为它们的捕食对象。庞大的体形并没有限制蛮龙的捕食速度，强壮的四肢让它们具备了灵活性和爆发力。

揭晓答案

　　蛮龙是一种体形较大的猎食者，但却不是顶级猎食者，异特龙才是当时的顶级猎食者。除异特龙外，角鼻龙也会与蛮龙争夺猎物。

蛮龙的牙齿

　　蛮龙的牙齿分布与霸王龙的牙齿分布十分类似，其上颌骨上的牙齿很大，而且十分锋利，不难想象，蛮龙在捕食的时候像霸王龙一样凶猛。

副细颚龙

轻盈的体态

　　副细颚龙生存于三叠纪晚期的欧洲地区，是一种小型肉食性恐龙，身长约1.2米。副细颚龙的前肢上有五指，其中两指较短，后肢和尾巴都很长。副细颚龙的骨骼是中空的，因此它们的体重很轻，行动迅速，动作敏捷。

趣味
问题

对于属于小型肉食性恐龙的副细颚龙来说，它们有什么样的捕食优势呢？

虚骨龙类

副细颚龙属于虚骨龙类，虚骨龙类恐龙以中空的骨骼而得名。霸王龙、似鸟龙和手盗龙都是虚骨龙类的主要成员。

　　副细颚龙强壮的后腿能够快速追赶猎物，短小而灵活的前肢能够帮助其抓住猎物，并将猎物送入口中，而且副细颚龙通常是集体捕食的。

凶猛的小野兽

　　副细颚龙的体形虽小，但你千万不要被它们的外表欺骗，它们的凶猛程度令人咋舌。副细颚龙最喜欢的食物是蜥蜴和昆虫，但由于其下颚较小，并不擅长撕咬猎物，因此，它们在捕食的时候并不是靠力量取胜，而是依靠灵活性取胜。

尾巴的作用

　　也许你会认为副细颚龙的长尾巴在身体后面一摇一摆的，很碍事，但对副细颚龙来说，长尾巴是十分必要的，它们在快速奔跑时，尾巴可以保持身体平衡。

恐爪龙

趣味问题

恐爪龙在捕食猎物的时候，有什么独特的方式？

恐怖的爪子

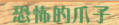

　　恐爪龙生活在较炎热的沼泽和森林地区，以巨大的趾爪而闻名。恐爪龙后肢的第二趾像镰刀一样长而弯曲，被称为"恐怖的爪子"。在行走的时候，恐爪龙会用后肢上的第三趾和第四趾着地，将第二趾收起来，以免其接触地面而被磨钝。

孵蛋行为

　　科学家在研究一具恐爪龙的化石时发现，其腹肋和前肢之间有蛋壳的化石，这些蛋壳不在恐爪龙的胃中，这表明这些蛋不是恐爪龙的食物。从这一点上来看，恐爪龙很可能有孵蛋的行为。

其他特征

　　恐爪龙的颧骨很宽，口鼻部十分狭窄，这使其头部看起来十分立体。恐爪龙的脑容量很大，这表明恐爪龙是一种聪明的恐龙。恐爪龙的颌部很强壮，口中约有 60 颗刀刃形的牙齿，眼睛朝向两侧，便于观察四周的情况。

揭晓答案

　　在猎食的时候，恐爪龙会先用前肢抓住猎物，然后用后肢踢打猎物，再用恐怖的爪子将猎物的喉咙或者肚皮划破，刺入猎物的体内，这对猎物来说是致命的伤害。

发现价值 ▶▶▶▶

　　恐爪龙的发现被认为是 20 世纪中期最重要的恐龙发现。这种敏捷、灵活的恐龙改变了许多古生物学家关于恐龙的研究结论，也改变了一般大众对于恐龙的认识。

生活习性

　　恐爪龙是一种性情残暴的肉食性恐龙，它们喜欢集群行动，一起猎食。体形庞大的植食性恐龙是恐爪龙最喜欢的食物。科学家们根据恐爪龙较小的体形、与鸵鸟类似的行走方式、与地面平行的僵直的尾巴等特点推测出，恐爪龙的行动十分敏捷，它们不仅善于奔跑，还擅长跳跃。

致命武器

　　对于植食性恐龙来说，恐爪龙的利爪是致命的。相信当时的大部分植食性恐龙都会对这恐怖的爪子"闻风丧胆"。

121

理理恩龙

主要特征

理理恩龙是一种肉食性恐龙，主要分布在法国和德国等地，是三叠纪晚期最大的肉食性恐龙之一。理理恩龙最主要的特点就是脖子和尾巴很长，前肢很短。它们的前肢有 5 个指，但是它们的第四指和第五指已经退化了。

趣味问题

理理恩龙最显著的特点就是头顶的脊冠，它们的脊冠有什么作用呢？

捕食方式

　　理理恩龙的捕食方式和现代的肉食性动物的猎食方式十分相似。它们通常会在水边袭击猎物，而它们的猎物主要是植食性动物。因为植食性动物大多不善水性，在水中时运动会变得十分缓慢，理理恩龙正是利用植食性动物的这种缺点对其发动袭击的。

捕食过程

①在三叠纪晚期的丛林中，一只刚刚吃完树叶的板龙正在沼泽里饮水。一阵痛饮后，板龙觉得十分满足，它又走回了岸边。但它不知道的是，它的噩梦就要到来了。

②板龙的这一切举动都被两只隐蔽在丛林中的理理恩龙看见了。这两只理理恩龙从树林中猛蹿出来奔向这只板龙。

③一只理理恩龙咬住了板龙的脖子，另一只则对板龙展开进攻。进行了一番挣扎后，板龙还是倒在了血泊中，成为了两只理理恩龙的美餐。

揭晓答案

　　理理恩龙的脊冠由两片薄薄的骨头组成，并不是很结实，只是用来向异性炫耀的工具。如果理理恩龙在捕食时脊冠遭到撞击，它们可能因剧痛而放弃眼前的猎物。

附：肯龙妈妈的"养子"

一只产龙蛋地匆匆龙一枚蛋，迷惑下后离开了。

肯龙妈妈捡到了这枚蛋并精心照顾。

很快，小迷惑龙出生了。

很快，小迷惑龙的个子就超过了他的"养母"。

肯龙妈妈把迷惑龙的身世告诉了他。

迷惑龙决定启程寻找自己的族群。

图书在版编目（ＣＩＰ）数据

生死追逐：迅捷而又聪明的恐爪龙 / 崔钟雷编著
. -- 北京：知识出版社，2014.9
　　（恐龙大追踪）
　　ISBN 978-7-5015-8212-9

Ⅰ．①生…　Ⅱ．①崔…　Ⅲ．①恐龙 - 普及读物　Ⅳ.
①Q915.864-49

中国版本图书馆 CIP 数据核字(2014)第 214167 号

恐龙大追踪——生死追逐：迅捷而又聪明的恐爪龙

出 版 人	姜钦云	
责任编辑	李易飚	
装帧设计	稻草人工作室	
出版发行	知识出版社	
地　　址	北京市西城区阜成门北大街 17 号	
邮　　编	100037	
电　　话	010-88390659	
印　　刷	北京一鑫印务有限责任公司	
开　　本	889mm×1194mm　1/16	
印　　张	8	
字　　数	80 千字	
版　　次	2014 年 9 月第 1 版	
印　　次	2020 年 2 月第 3 次印刷	
书　　号	ISBN 978-7-5015-8212-9	
定　　价	28.00 元	